幼稚園數學
智力潛能開發 ❷

何秋光　著

新雅文化事業有限公司
www.sunya.com.hk

作者介紹

何秋光是中國著名幼兒數學教育專家、「兒童數學思維訓練」課程的創始人，北京師範大學實驗幼稚園專家。從業 40 餘年，是中國具豐富的兒童數學教學實踐經驗的學前教育專家。自 2000 年至今，由何秋光在北京師範大學實驗幼稚園創立的數學特色課「兒童數學思維訓練」一直深受廣大兒童、家長及學前教育工作者的喜愛。

幼稚園數學智力潛能開發②

作　　者：何秋光
責任編輯：趙慧雅
美術設計：蔡學彰
出　　版：新雅文化事業有限公司
　　　　　香港英皇道 499 號北角工業大廈 18 樓
　　　　　電話：（852）2138 7998
　　　　　傳真：（852）2597 4003
　　　　　網址：http://www.sunya.com.hk
　　　　　電郵：marketing@sunya.com.hk
發　　行：香港聯合書刊物流有限公司
　　　　　香港荃灣德士古道220-248號荃灣工業中心16樓
　　　　　電話：（852）2150 2100
　　　　　傳真：（852）2407 3062
　　　　　電郵：info@suplogistics.com.hk
印　　刷：中華商務彩色印刷有限公司
　　　　　香港新界大埔汀麗路36號
版　　次：二〇一九年六月初版
　　　　　二〇二二年五月第四次印刷

ISBN: 978-962-08-7283-9
©2019 Sun Ya Publications (HK) Ltd.
18/F, North Point Industrial Building, 499 King's Road, Hong Kong
Published in Hong Kong, China
Printed in China

前言

　　本系列是專為 3 至 6 歲兒童編寫的數學益智遊戲類圖書，讓兒童有系統地學習數學知識與訓練數學思維。全套共有 6 冊，全面展示兒童在幼稚園至初小階段應掌握的數學概念。

　　本系列根據兒童數學的教育目標和內容編寫而成，並配合兒童邏輯思維發展和認知能力，按照幼兒各年齡階段所應掌握的數學認知概念的先後順序，提供了數、量、形、空間、時間及思維等方面的訓練。在學習方式上，兒童可以通過觀察、剪貼、填色、連線、繪畫、拼圖等多種形式來進行活動，從而培養兒童對數學的興趣。

　　每冊的內容結合了數學和生活認知兩大方面，引導兒童發現原來生活中許多問題都與數學息息相關，並透過有趣而富挑戰性的遊戲，開發孩子的數學潛能，希望兒童能夠從這套圖書中獲得更多的數學知識和樂趣。

六冊學習大綱

冊數	數學概念	學習範疇
第1冊	比較和配對	按大小、圖案、外形和特性配對
	分類	相同和不相同；按大小、顏色、形狀、特徵分類
	比較和排序	按大小、長短、高矮、規律排序
	幾何圖形	正方形、三角形、圓形
	空間和方位	上下、裏外
	時間	早上和晚上
	1 和許多	認識1的數字和數量；比較1和許多的分別
	認識5以內的數	認識1-5的數字和數量
第2冊	分類	相同和不相同、按特徵分類、一級分類、多角度分類
	比較和排序	規律排序、比較大小、長短、高矮、粗幼、厚薄和排序
	空間和方位	上下、中間、旁邊、前後、裏外
	幾何圖形	正方形、長方形、梯形、三角形、圓形、半圓形、橢圓形、圖形組合、圖形規律、圖形判斷
第3冊	10 以內的數	1-10的數字和數量、數量比較、序數、10 以內相鄰兩數的關係、相鄰兩數的轉換、10 以內的數量守恆
	思維訓練綜合練習	序數、數數、方向、規律、排序、邏輯推理

冊數	數學概念	學習範疇
第4冊	分類	按兩個特徵組圖、按屬性分類、按關係分類、多角度分類、分類與統計
	規律排序	規律排序、遞增排序、遞減排序、自定規律排序
	正逆排序	按大小、長短、高矮、闊窄、厚薄、輕重、粗幼排序
	守恆和量的推理	長短、面積、體積、量的推理、測量與函數的關係
	空間和方位	上下、裏外、遠近、左右
	時間	正點、半點、時間和順序、月曆
第5冊	平面圖形	正方形、長方形、圓形、三角形、梯形、菱形、圖形比較、圖形組合、圖形創意
	立體圖形	正方體、長方體、球體、圓柱體、形體判斷、形體組合
	等分	二等分、四等分、辨別等分、數的等分
	數的比較	大於、少於、等於
	10 以內的數	單數和雙數、序數、相鄰數、數量守恆
	添上和去掉	加與減的概念
	書寫數字0-10	數字的寫法
第6冊	5 以內的加減	2-5的基本組合、加法應用題、減法應用題、多角度分類、橫式、直式
	10 以內的加減	6-10的基本組合、加法應用題、減法應用題、多角度分類、橫式、直式

空間和方位

幾何圖形

找相同（一）
同類的物品

請你把下面每組圖畫裏同類的物品圈起來，然後說一說沒有圈的是什麼。

找相同（二）
同類的衣物

請你把下面每組圖畫裏同類的衣物圈起來，然後說一說沒有圈的是什麼。

① ② ③ ④ ⑤ ⑥

找相同（三）
同類的食物

請你把下面每組圖畫裏同類的食物圈起來，然後說一說沒有圈的是什麼。

找不同（一）

不同類的事物

請你把下面每組圖畫裏不同類的事物找出來，並畫上 ✗，然後說一說剩下的都屬哪一類。

①

④

②

⑤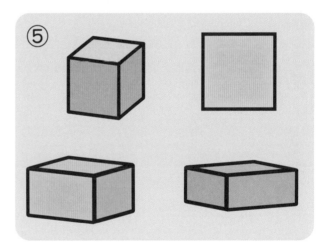

③

⑥

數學概念
分類

找不同（二）
哪個不同類

請你把下面每組圖畫裏不同類的東西找出來，並畫上 **X**，然後說一說剩下的是什麼。

找不同（三）
可愛的小猴子

請你仔細觀察 3 枝樹幹上的小猴子，哪一隻不一樣？把牠圈出來，並說一說什麼地方不一樣。

找相同特徵（一）
不一樣的樹葉

請你仔細觀察下面 3 棵樹，然後想一想，每棵樹旁邊的葉子和樹上的葉子完全一樣嗎？如果一樣，就把方框填上填色。如果不一樣，就在方框裏畫上 ✗。

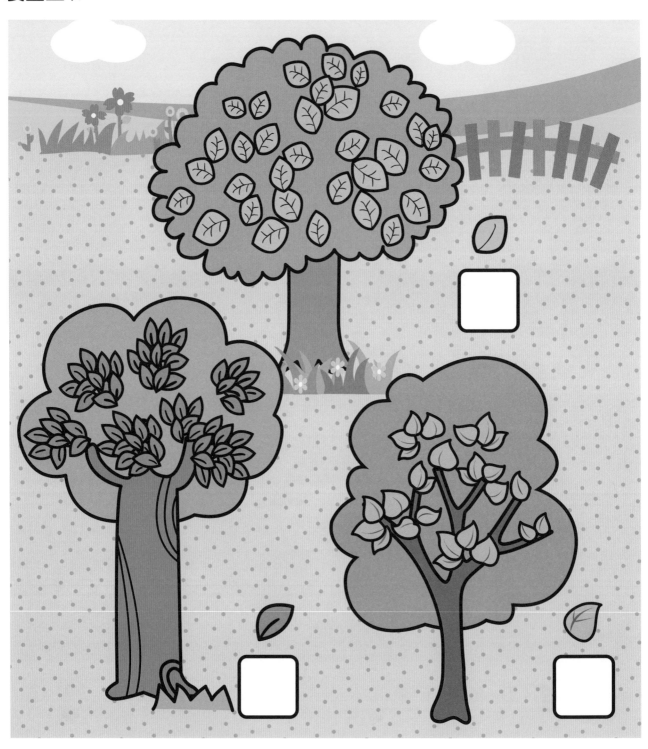

找相同特徵（二）
漂亮的魚

請你看一看下面哪個魚缸裏的魚和最上面魚缸裏的魚是一樣的，把正確的魚缸圈起來。

找相同特徵（三）
可愛的小鹿

請你仔細觀察下面的小鹿，只有一隻和最上面的小鹿長得一模一樣，請你把牠圈起來。

一級分類（一）

圈圈看

請你仔細觀察每組物品，然後把不同類的一個圈起來。

一級分類（二）
馬路上的車

請你仔細觀察馬路上有什麼代步工具，然後把不能在馬路上行駛的代步工具圈起來。

一級分類（三）
日常用品分一分

下面每組圖畫中哪一種物品與其他物品不同類？請你把它圈起來。

多角度分類（一）
可愛的小熊

請你從卡紙頁剪下小熊活動卡，按照小熊的不同特徵，把牠們分成 2 組，想一想可以有多少種分法？按照不同的分法把活動卡擺放在下面的空格裏。

多角度分類（二）
可愛的小蜜蜂

請你從卡紙頁剪下蜜蜂活動卡，按照小蜜蜂的不同特徵，把牠們分成 2 組，想一想可以有多少種分法？按照不同的分法把活動卡擺放在下面的空格裏。

多角度分類（三）
各種各樣的風箏

請你從卡紙頁剪下風箏活動卡，按照風箏的不同特徵，把它們分別分給熊貓和小猴子，然後想一想可以有多少種分法？按照不同的分法把活動卡擺放在下面的空格裏。

規律排序（一）
規律塗色

請你仔細觀察每組圖畫中的規律，按照這規律模式把餘下的圖填上顏色。
最後說一說它們是怎樣排序的。

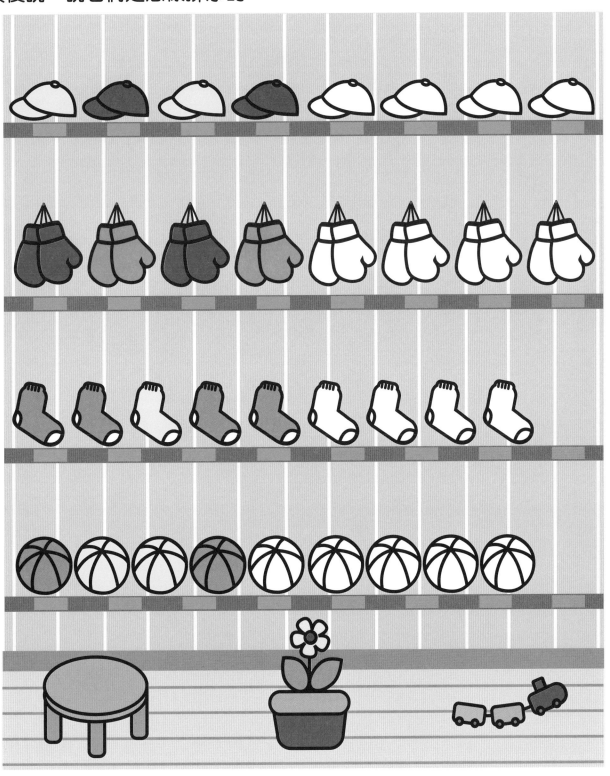

23

規律排序（二）
小青蛙走迷宮

小青蛙只有按照 🪷 ⟶ 🪷 ⟶ 🪷 順序走，才能到池塘的對岸和小鴨子玩，請你幫小青蛙走一走，畫出正確的路線。

規律排序（三）
小猴子走迷宮

小猴子只有按照🍎 —→ 🍑 —→ 🍉的順序走，才能到山上玩，請你幫小猴子走一走，畫出正確的路線。

規律排序（四）
小動物排隊

請你仔細觀察小動物的排列規律，想一想缺少的是什麼，然後圈出正確的答案。

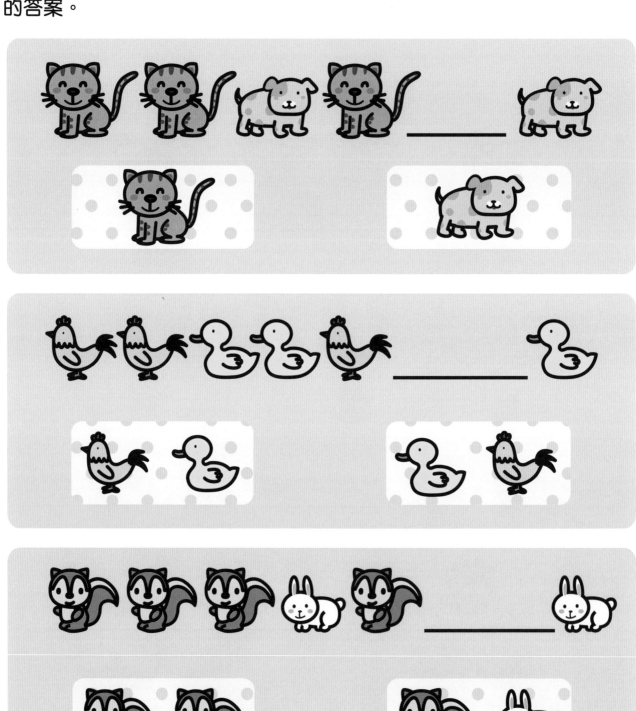

規律排序（五）

生日蛋糕

請你用 2 種自己喜歡的顏色，按照自定的規律，為生日蛋糕上的花填上顏色。

比大小
大一點

請你仔細觀察右邊的一組物品，哪一個比左邊第一個物品大？把它圈起來。

找相同大小

我們一樣大

請你仔細觀察下面每組物品，然後把一樣大的物品圈起來。

按大小正逆排序
小小花店

請你從卡紙頁剪下第一組花朵活動卡，然後按照從大到小的順序分別把活動卡擺放到花店裏，並順序說一說花的顏色。

請你從卡紙頁剪下第二組花朵活動卡，然後按照從小到大的順序分別把活動卡擺放到花店裏，並順序說一說花的顏色。

比長短
做紙花

小朋友們做了很多紙花來布置房間。請你比一比，哪組紙花最長，把它下面的方框填上紅色。哪組紙花最短，把它下面的方框填上藍色。

31

找相同長短
一樣長的東西

請你把每組物品中一樣長的東西圈起來。

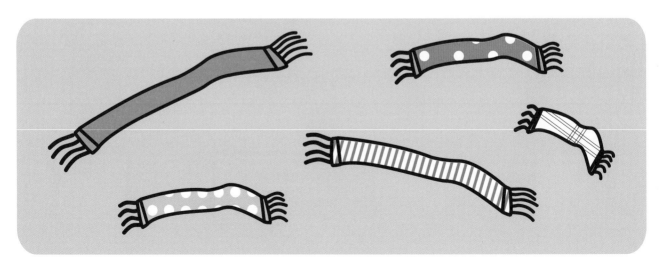

按長短正逆排序
火車站

請你從卡紙頁剪下數字活動卡,按照從短到長 (1 是最短,4 是最長) 給火車排序,然後把活動卡貼到火車下方的方框裏。

比高矮
這是誰的家

請你從卡紙頁剪下動物活動卡，按照長頸鹿、斑馬、小狗的高度分配合適的房子，然後把牠們貼在相配的房子旁。

找相同高矮
我們一樣高

請你比較上下兩組動物，哪兩隻動物一樣高？用線把牠們連起來。

按高矮正逆排序
小猴子種樹

小猴子要去種樹，請你從卡紙頁剪下樹的活動卡，然後按照從矮到高的順序，把活動卡貼在泥洞上。

比粗幼

誰最粗，誰最幼

請你仔細觀察每棵樹的樹幹，哪個最粗，哪個最幼，請你按照從粗到幼的順序，在方框填上數字（1 是最粗，2 是中粗，3 是最幼）。

找相同粗幼
誰是一樣粗

請你把每組圖畫裏粗幼相同的物品填上顏色。

按粗幼正逆排序
鉛筆和蠟燭

請你按照下面的指示回答問題。

從卡紙頁剪下鉛筆活動卡，然後按照從幼至粗的順序，把活動卡貼在方框裏。

從卡紙頁剪下蠟燭活動卡，然後按照從粗至幼的順序，把活動卡貼在方框裏。

比厚薄
找找看

請你按照下面的指示回答問題。

把最厚的被子圈起來。

把最薄的衣服圈起來。

把最薄的書圈起來。

按厚薄正逆排序
漂亮的被子

請你比較下面 6 張被子的厚薄，然後按照從薄到厚的順序，把被子下面的格子填上顏色（最薄的填 1 個格子，如此類推，最厚的填 6 個格子）。

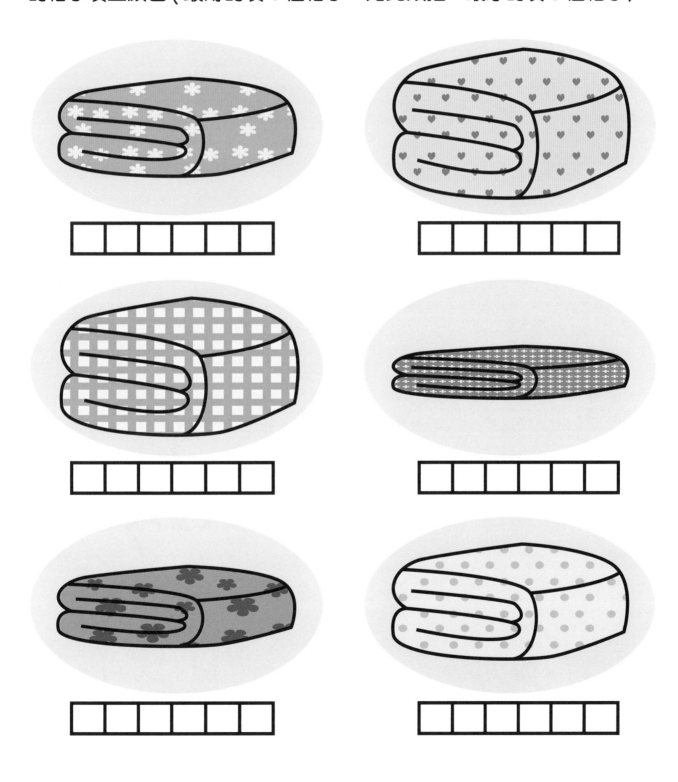

認識上下
樹上的動物

請你把在樹上的小動物圈起來，說一說牠們是什麼動物。

認識中間
誰在中間

請你找出排在正中間的小花,以及每組動物中排在正中間的動物,然後把下方的圓圈填上喜歡的顏色。

認識旁邊
街道上

看一看橙色樓房旁邊有什麼建築物。請你把它們的屋頂填上顏色，然後說一說它們是什麼建築物。

認識前後（一）
公園裏

請你仔細看一看每組小朋友，把在前面的小朋友旁邊的方框填上顏色。

認識前後（二）
運動會

請你仔細觀察下面的圖畫，跑在最前面的是誰？把牠圈起來。然後說一說，小狗後面的是誰，小兔前面的又是誰。

認識裏外（一）

圈一圈，塗一塗

請你把欄杆外面的小動物圈起來，把在欄杆裏面的小動物填上顏色。

認識裏外（二）
家禽和家畜

請你把家禽圈起來，然後說一說，家禽在欄杆裏面還是外面。

複習正方形（一）
小小正方形

請你按照下面的指示回答問題。

小朋友，你知道
正方形有多少條邊和
多少隻角嗎？

請你用顏色筆在虛線上描畫（每條邊用不同的顏色），數一數正方形有多少條邊，並把相同數量的方格填上顏色。

請你分別把正方形的角圈起來，數一數正方形有多少隻角，並把相同數量的方格填上顏色。

複習正方形（二）
正方形世界

請你仔細看一看下面哪些東西是正方形，然後把它們圈起來。

複習正方形（三）
正方形組合

請你按照下面的指示回答問題。

下面每組裏哪兩個圖形能拼成一個正方形，請把它們填上顏色。

下面每組裏哪三個圖形能拼成 1 個正方形，請把它們填上顏色。

複習三角形（一）
小小三角形

請你按照下面的指示回答問題。

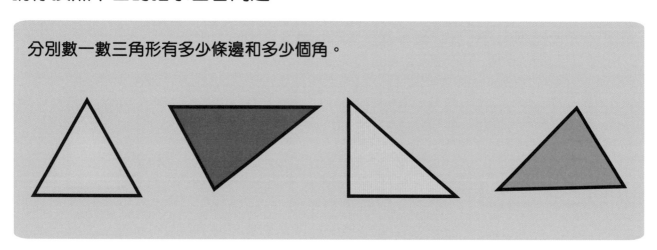

分別數一數三角形有多少條邊和多少個角。

請你在下面找出三角形，並把它們填上顏色。

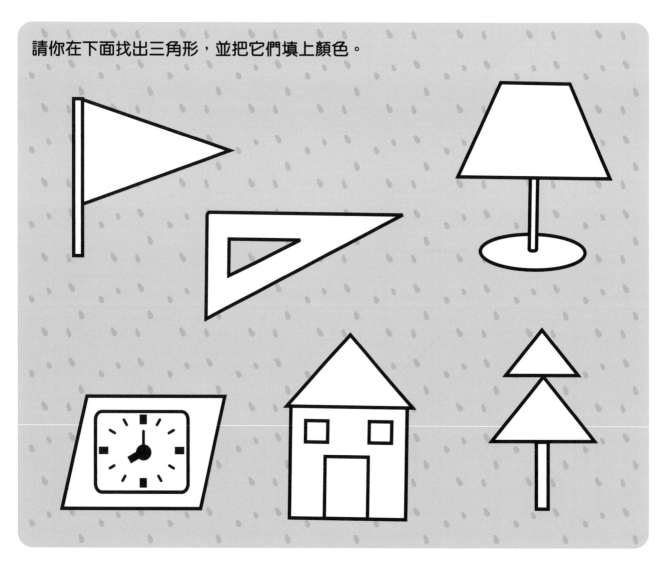

複習三角形（二）
三角形世界

請你用三角形畫一幅畫。

複習圓形（一）
小小圓形

請你跟着下圖中的虛線描畫圓形，然後說一說圓形是否有角。

複習圓形（二）
圓形世界

請你跟着下圖中的虛線描畫圓形，然後說一說它們是什麼。

認識長方形（一）
小小長方形

請你按照下面的指示回答問題。

這是長方形。

請你用顏色筆在虛線上描畫（每組對邊用 1 種顏色），數一數長方形有多少條邊，並把正確數量圈起來。

4　　5　　6

請你分別把長方形的角圈起來，數一數長方形有多少隻角，並把正確數量圈起來。

3　　4　　5

認識長方形（二）
長方形世界

請你按照下面的指示回答問題。

觀察下面哪些東西包含長方形，然後把它們圈起來。

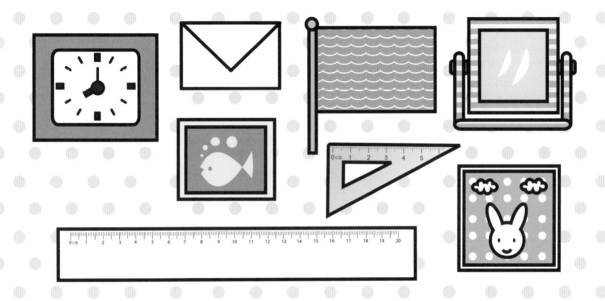

觀察每組左邊的圖形，想一想，它們是由右邊哪些圖形組成的，然後把它們圈起來。

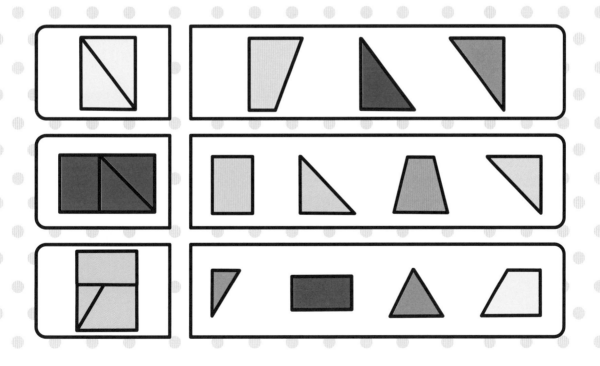

認識長方形（三）
我的長方形

請你想一想在我們生活中有哪些東西是長方形的，然後把它們畫出來，並說一說你畫的是什麼。

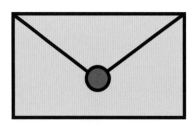

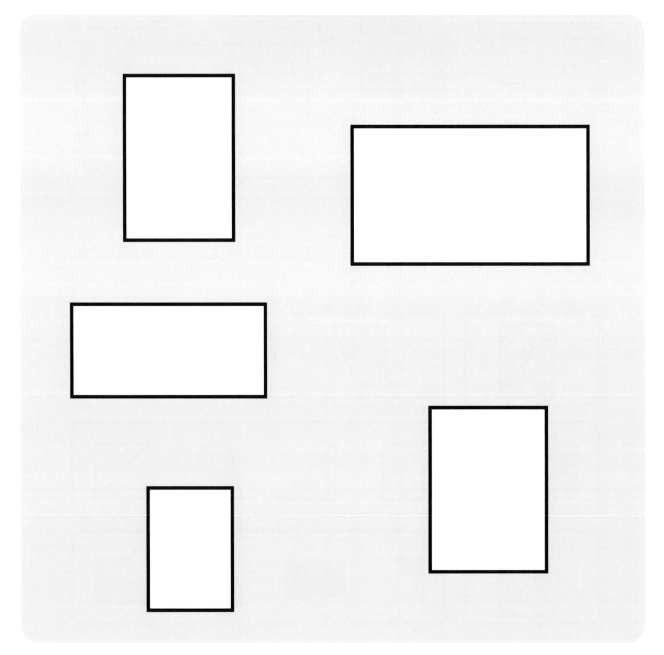

認識梯形（一）
小小梯形

請你按照下面的指示回答問題。

請你用顏色筆在虛線上描畫（每條邊用不同的顏色），數一數梯形有多少條邊，並把正確數量圈起來。

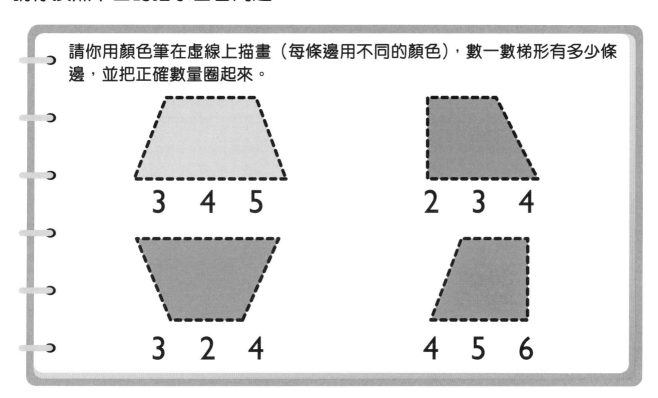

請你分別把梯形的角圈起來，數一數梯形有多少隻角，並把正確數量圈起來。

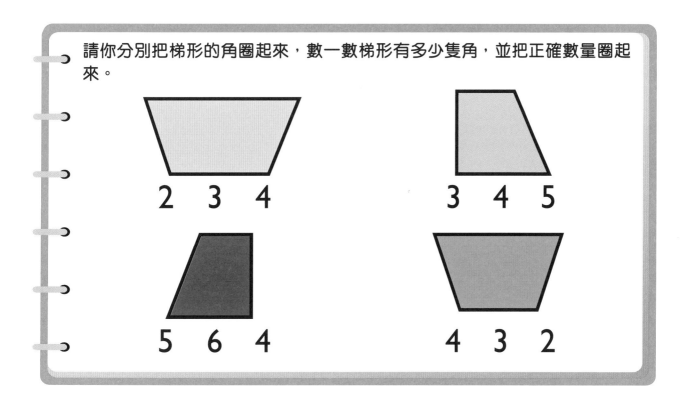

認識梯形（二）
梯形世界

請你說一說每組圖畫裏哪些部分是梯形，然後把它們圈起來。

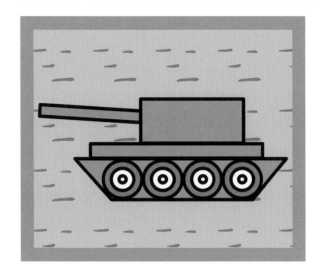

認識半圓形（一）

半圓形在哪裏

請你說一說半圓形和圓形有什麼關係，然後找一找下面有哪些東西是半圓形的，把它們填上你喜歡的顏色。

認識半圓形（二）
半圓形世界

請你跟着下圖中的虛線描畫半圓形。

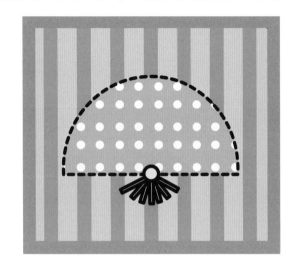

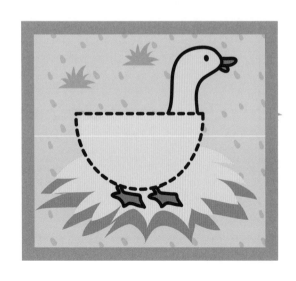

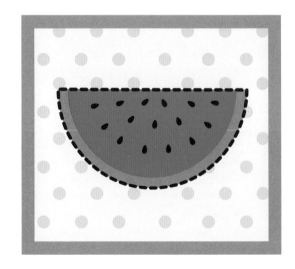

認識橢圓形
橢圓形世界

請你分別說一說橢圓形和圓形有什麼一樣的地方，有什麼不一樣的地方，然後想一想，在我們的生活中有哪些東西是橢圓形的，並把它們畫出來，並說一說你畫的是什麼。

圖形組合遊戲（一）
繪畫圖形

請你用正方形、三角形、長方形、圓形畫一幅圖畫。

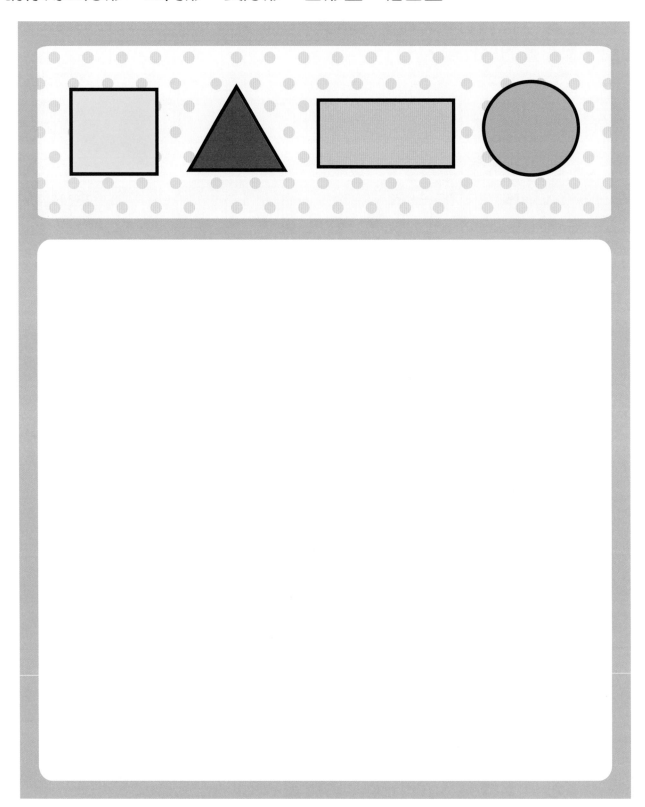

圖形組合遊戲（二）

拼拼看

請你仔細觀察左邊的圖形，看一看它們都少了哪一塊才能變成正方形或長方形，然後從右邊找出合適的圖形，把它圈起來。

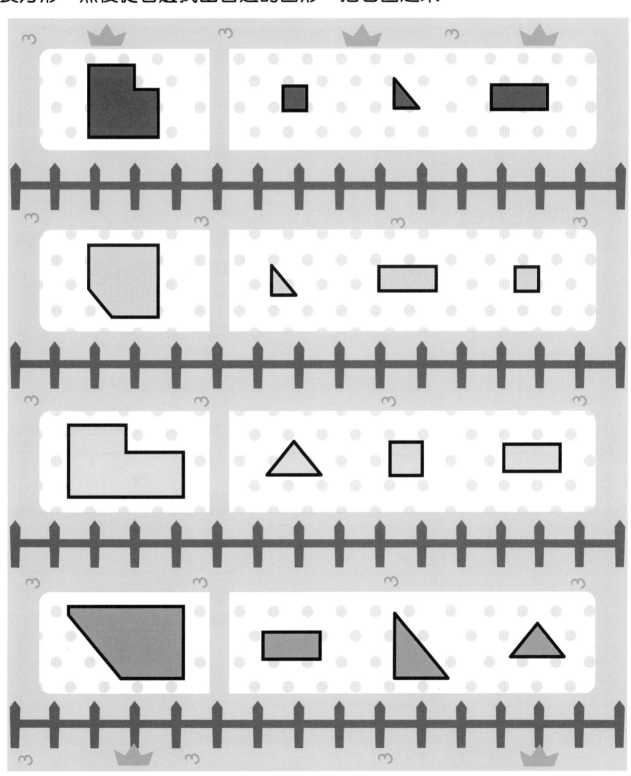

圖形組合遊戲（三）
圖形組合

請你仔細觀察每組右邊的圖形，哪 3 個能拼出和左邊一樣的圖形？把它們填上顏色。

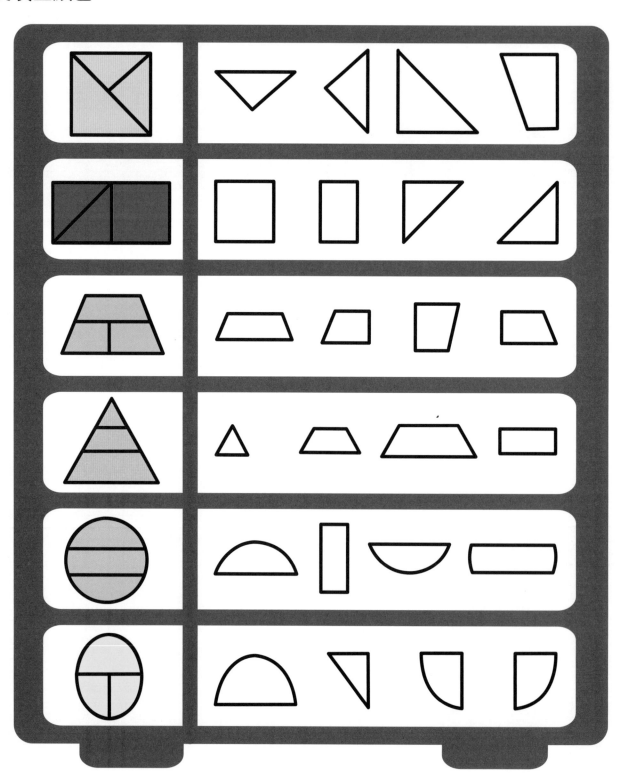

圖形組合遊戲（四）

圖形圈一圈

請你仔細觀察每組右邊的圖形，哪個能跟左邊組成相同的形狀？把它圈起來。

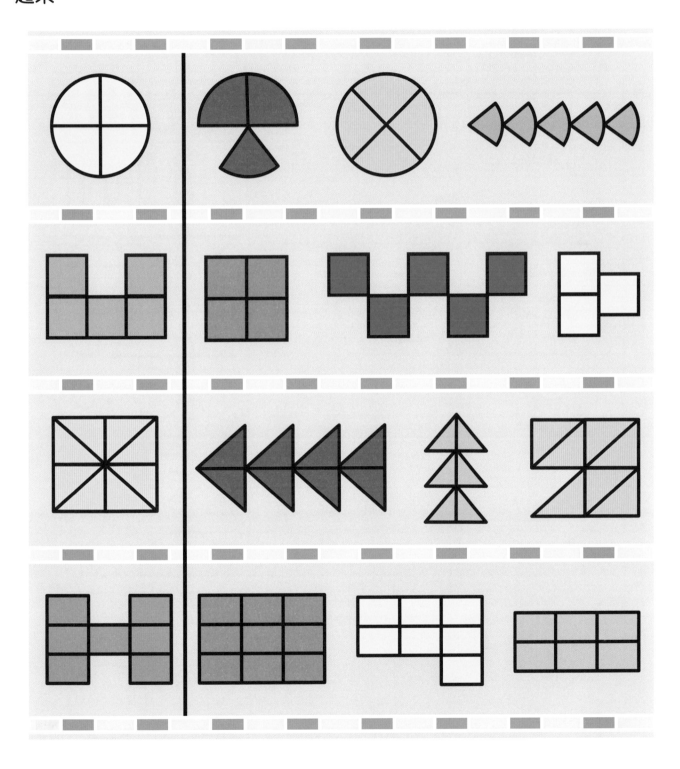

圖形組合遊戲（五）
圖形小動物

請你仔細觀察左邊的圖形小動物，它們是由右邊的哪組圖形組成的？用線把它們連起來。

圖形組合遊戲（六）
分解圖形

請你仔細觀察左邊的組合圖形，它們被分割後應該是右邊的哪一組圖形呢？用線把它們連起來。

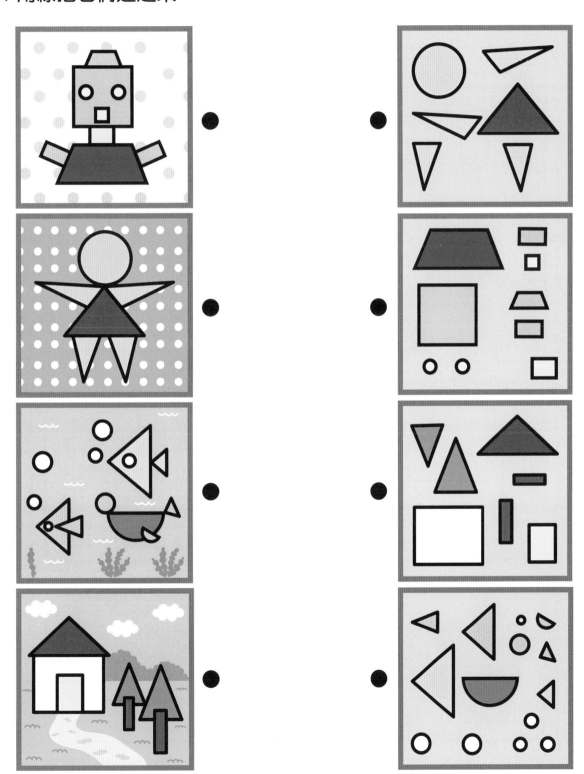

圖形組合遊戲（七）
圖形拆一拆

請你仔細觀察左邊的組合圖形，它們被分割後應該是右邊的哪一組圖形呢？用線把它們連起來。

圖形組合遊戲（八）

美麗的家園

請你仔細觀察下面的圖畫，數一數每種圖形有多少個，然後把每種圖形旁的圓點填上顏色，代表它們的數量。

圖形組合遊戲（九）
小房子和機械人

下面的小房子和機械人都是由哪些圖形組成的？每種圖形各有多少個？
請你把正確的數字圈起來。

数學概念
幾何圖形

圖形組合遊戲（十）
小鴨子和小老鼠

請你仔細觀察下面的小鴨子和小老鼠，它們都是用哪些圖形組成的，然後找出正確的圖形，把代表該圖形的數字填上顏色。

圖形規律遊戲（一）

圖形變變變

請你觀察第一排裏兩個圖形的變化規律，如果第二排裏的圖形變化規律跟第一排的一樣，那麼在空格裏的圖形應該是什麼樣子的？請你把它畫出來。

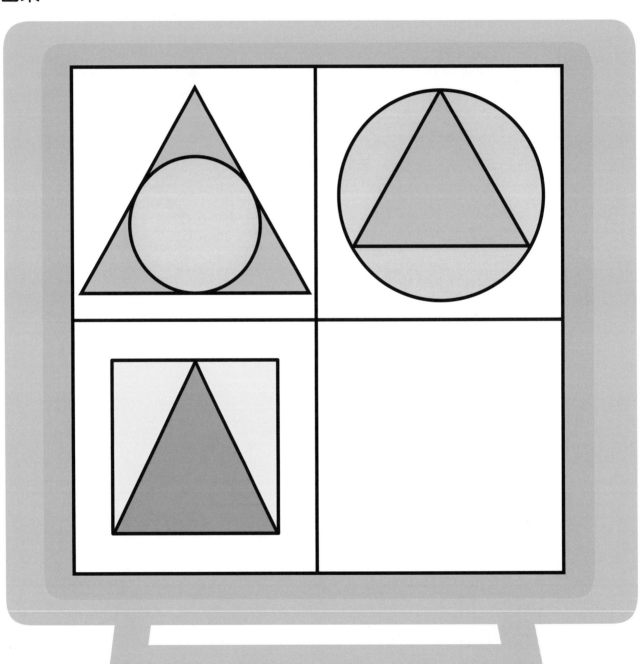

圖形規律遊戲（二）
圖形大變身

請你觀察第一排裏兩個圖形的變化規律，如果第二排裏的圖形變化規律跟第一排的一樣，那麼在空格裏的圖形應該是什麼樣子的？請你把它畫出來。

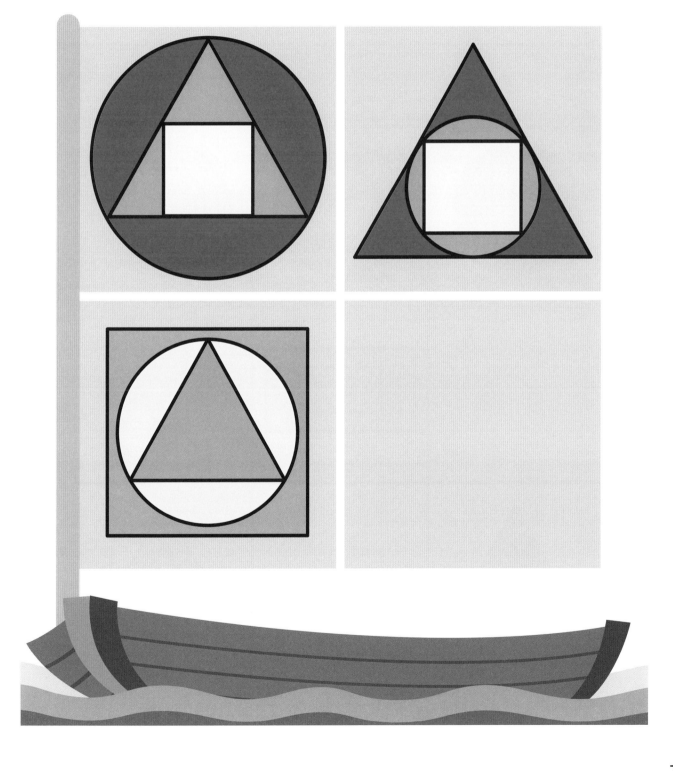

圖形規律遊戲（三）
圖形演變

如果第二排和第三排裏的圖形變化規律和第一排裏的圖形變化一樣，那麼在空格裏的圖形應該是什麼樣子的？請你把它們畫在相應的空格裏。

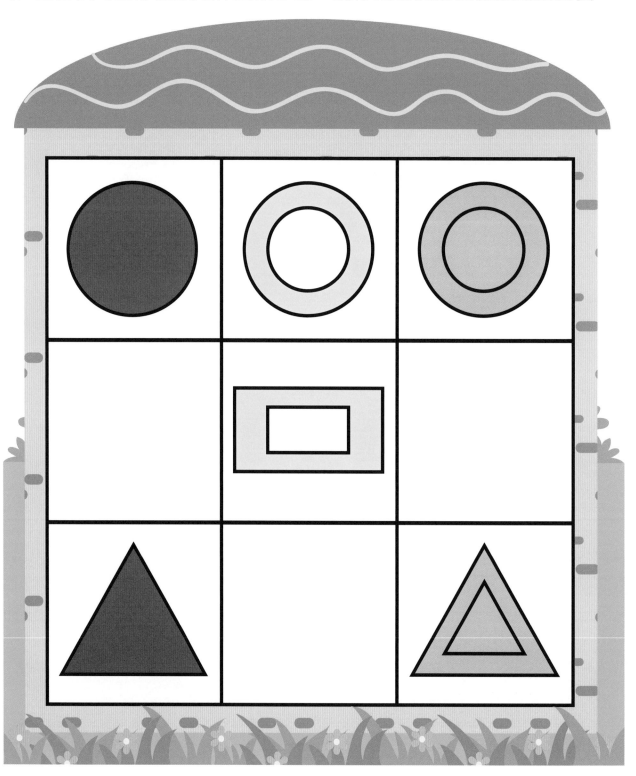

圖形判斷遊戲（一）
小動物的燈籠

請你觀察燈籠上的圖形，然後在右邊找出相同的圖形，並把它們連起來。

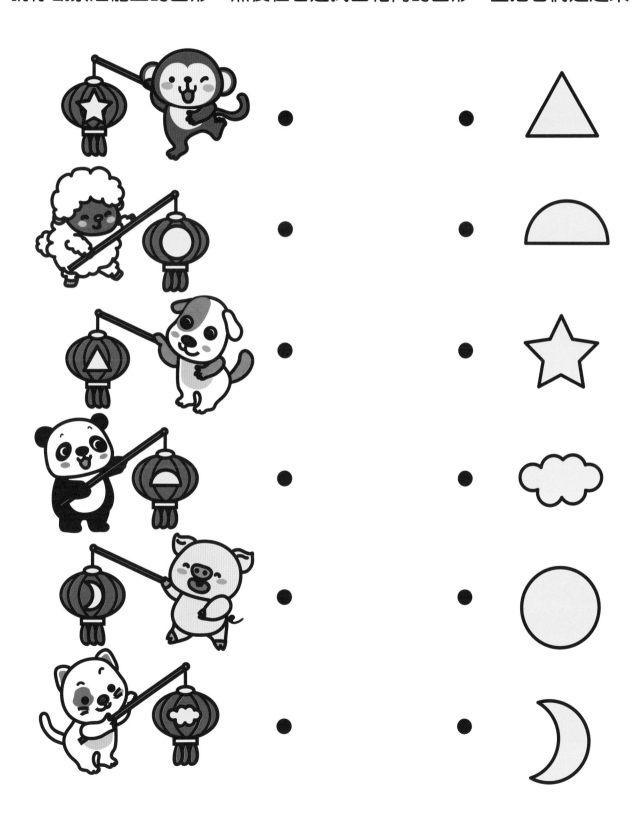

圖形判斷遊戲（二）
塗出相同圖形

請你仔細觀察左邊有顏色的正方形，它們分別和右邊沒有顏色的哪一個圖形一樣，把它們連起來，然後把右邊的圖形填上跟左邊的圖形相同的顏色。

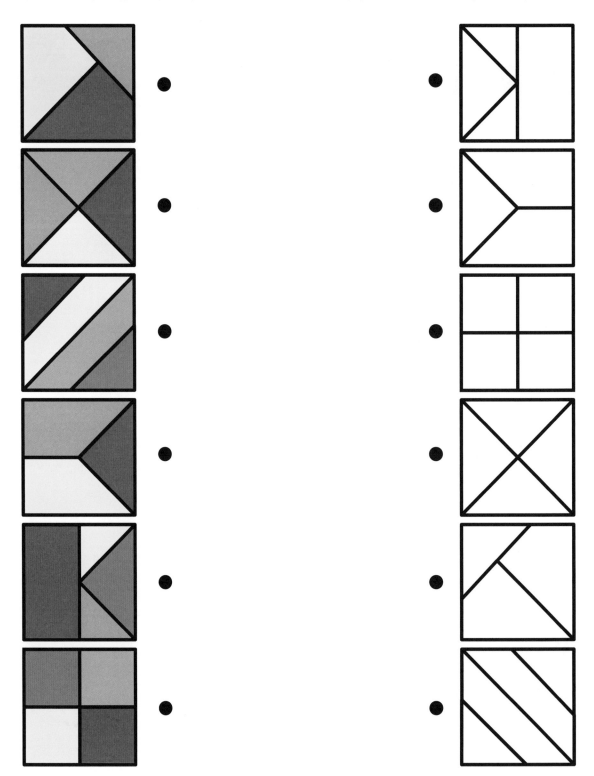

圖形判斷遊戲（三）
圖形位置

請你仔細觀察左邊格子裏圓形的位置，然後在右邊的圖形裏相應的位置畫上圓形。

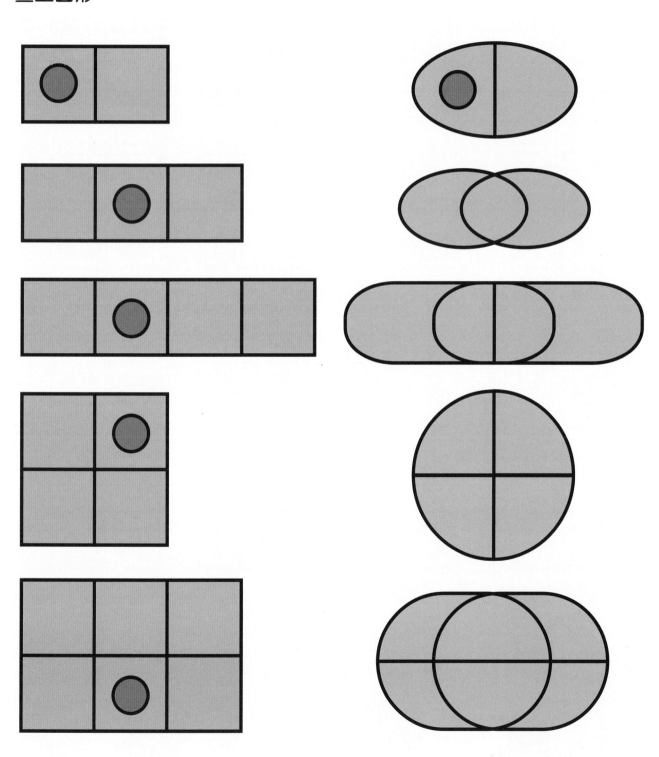

圖形判斷遊戲（四）

找相同

請你觀察每組右邊的圖形，哪個跟最左邊的圖形一樣？把它圈起來。

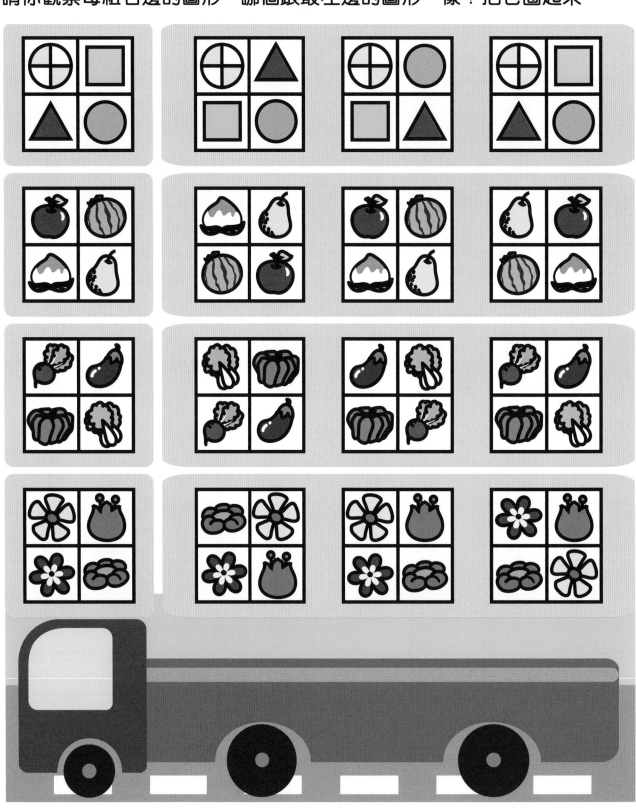

圖形判斷遊戲（五）
缺去的圖形

請你仔細觀察下面兩個圖形，然後根據這兩個圖形上的圖案，找出其他圖形中缺少了哪一部分，把它圈起來。

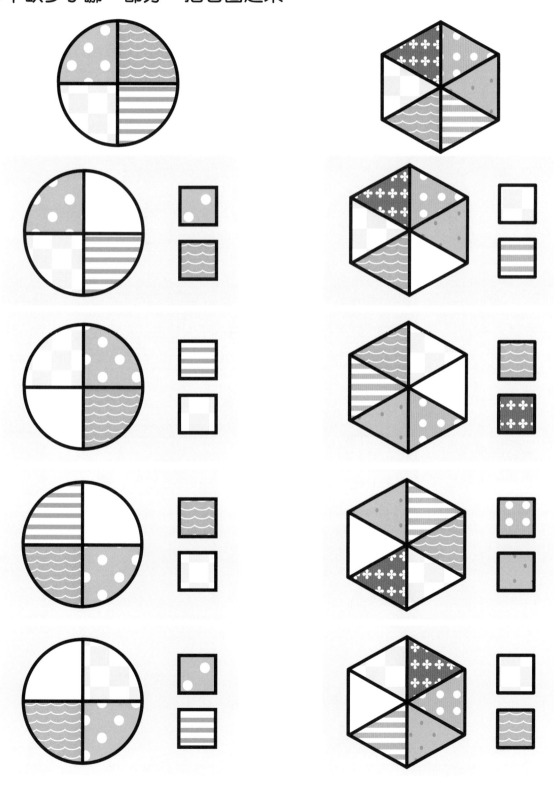

圖形判斷遊戲（六）
相同組合

請你仔細觀察下面每組各有什麼圖形，找出圖形相同的兩組，然後把它們旁邊的方格填上顏色。（提示：兩組的圖形組合相同，但顏色和排列次序不同）

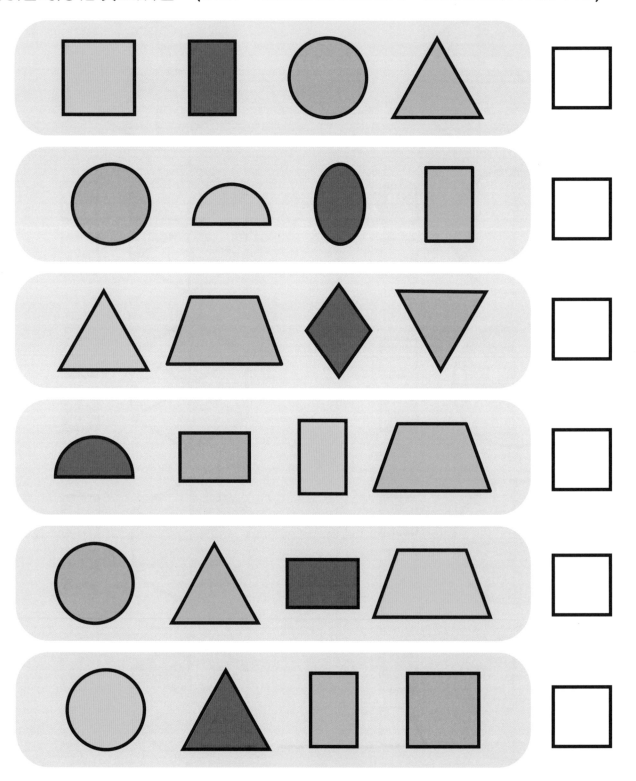

圖形判斷遊戲（七）

拼拼圖形

下面哪些圖形能分別拼成一個完整的正方形和一個完整的三角形。請你從卡紙頁剪下圖形活動卡，拼在正確的圖形上試試看。

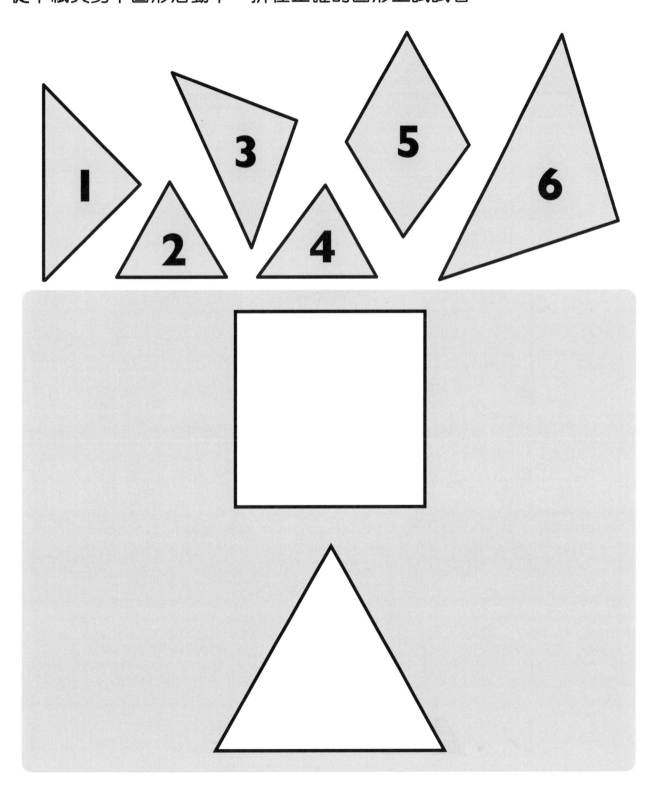

答案

1. 圈出足球、欖球和排球（球類），沒圈的是球拍。
2. 圈出三艘船（海上交通工具），沒圈的是貨車（陸上交通工具）。
3. 圈出鑊、鑊鏟和碗（煮食用具），沒圈的是衞生紙。
4. 圈出橙、蘋果和西瓜（水果），沒圈的是茄子（蔬菜）。
5. 圈出三頂帽子，沒圈的是手套。
6. 圈出書、書包和剪刀（文具），沒圈的是泥鏟。

1. 圈出兩件上衣，沒圈的是褲子。
2. 圈出兩隻手襪，沒圈的是帽子。
3. 圈出兩條長浴巾，沒圈的是方巾。
4. 圈出兩隻鞋子，沒圈的是襪子。
5. 圈出兩條裙子，沒圈的是短褲。
6. 圈出兩張被子，沒圈的是枕頭。

1. 圈出櫻桃、蘋果和檸檬（水果），沒圈的是蘑菇（蔬菜）。
2. 圈出生菜、紅蘿蔔和青瓜（蔬菜），沒圈的是草莓（水果）。
3. 圈出白菜、南瓜和茄子（蔬菜），沒圈的是香蕉（水果）。
4. 圈出梨子、桃子、菠蘿（水果），沒圈的是青椒（蔬菜）。
5. 圈出三塊餅乾（餅類），沒圈的是西瓜（水果）。
6. 圈出兩瓶果汁（飲品），沒圈的是醬油（調味料）。

1. 畫╳的是螃蟹，其他是魚類。
2. 畫╳的是貨車，其他是小汽車。
3. 畫╳的是草莓，其他是甜點。
4. 畫╳的是公雞，其他是鳥類。
5. 畫╳的是平面圖形，其他是立體圖形。
6. 畫╳的是羽毛球，其他是學習用具。

第 12 頁

1. 畫Ｘ的是叉子，其他是碗。
2. 畫Ｘ的是水桶，其他是碟子。
3. 畫Ｘ的是杯子，其他是瓶子。
4. 畫Ｘ的是勺子，其他是杯子。
5. 畫Ｘ的是澆水壺，其他是勺子。
6. 畫Ｘ的是杯子，其他是鍋。

第 13 頁

第 1 枝樹幹：左邊的猴子尾巴很長。
第 2 枝樹幹：中間的猴子沒有開口。
第 3 枝樹幹：中間的猴子張開雙眼。

第 14 頁

第 15 頁

第 16 頁

第 17 頁

第 18 頁

第 19 頁

第 20 頁

按衣服的款式分類

按動作分類

按大小分類

按熊有沒有開口分類

第 21 頁

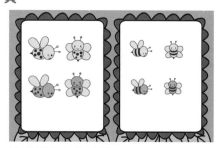

按蜜蜂身上的花紋

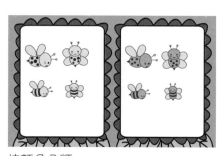

按顏色分類

按大小分類

按蜜蜂的側面和正面分類

第 22 頁

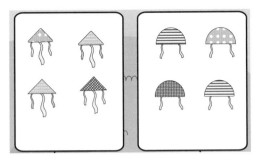

按形狀分類

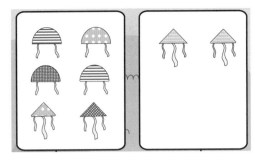

按顏色分類

第 23 頁

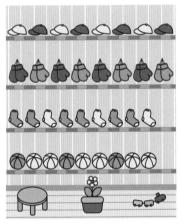

第 24 頁

第 25 頁

第 26 頁

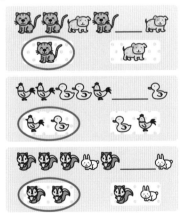

第 27 頁

（參考答案）

第 28 頁

第 29 頁

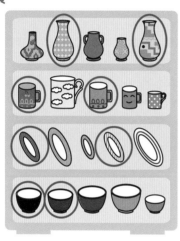

第 30 頁

第一組：紅色、黃色、紫色、紫紅色、藍色
第二組：黃色、紫色、紫紅色、藍色、紅色

第 31 頁

第 32 頁

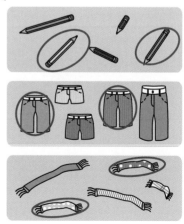

第 33 頁

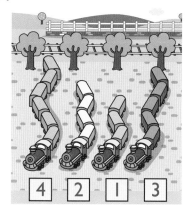

第 34 頁

第 35 頁

第 36 頁

第 37 頁

第 38 頁

第 39 頁

第 40 頁

第 41 頁

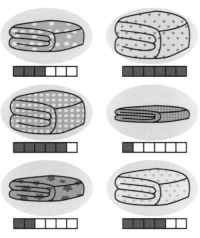

第 42 頁

松鼠和小鳥

第 43 頁

第 44 頁

醫院和超級市場

第 45 頁

第 46 頁

小狗後面的是袋鼠。小兔前面的
是猴子。

第 47 頁

第 48 頁

家禽在欄杆外面。

第 49 頁

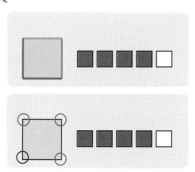

第 50 頁

第 51 頁

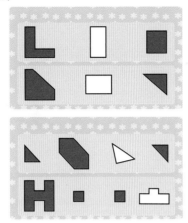

第 52 頁

三角形有三條邊和三隻角。

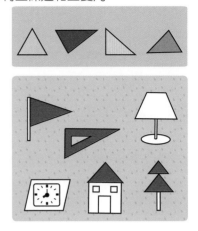

第 53 頁

略

第 54 頁

圓形沒有角。

第 55 頁

直升機的機身和尾旋翼;小火車的
輪子;溜冰鞋的輪子和汽車的輪子

第 56 頁

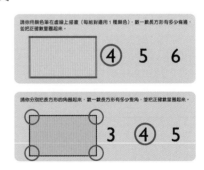

第 57 頁

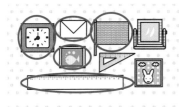

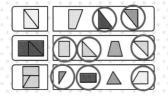

第 59 頁

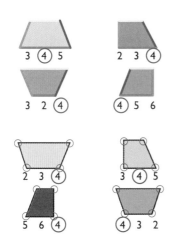

第 61 頁

半圓形是圓形的一半。

第 58 頁

參考答案：
可畫：書本、冰箱、膠擦、郵票、門等。

第 60 頁

第 62 頁

第 63 頁

橢圓形和圓形都是沒有角；橢圓形比圓形要扁。
參考答案：可畫雞蛋、碟子、鏡子、檸檬、奇
異果等。

第 64 頁

略

第 65 頁

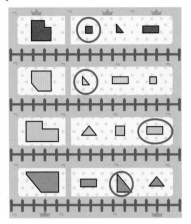

第 66 頁

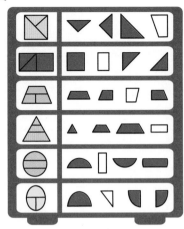

第 67 頁

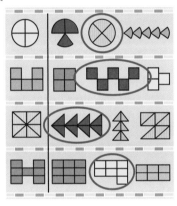

第 68 頁

第 69 頁

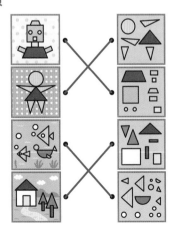

第 70 頁

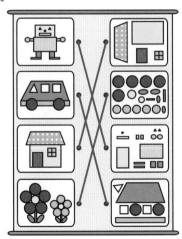

第 71 頁

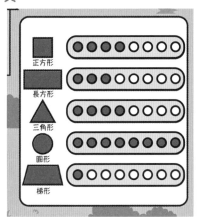

第 72 頁

小房子由三角形、梯形、半圓形、正方形和長方形組成。機械
人由三角形、正方形、圓形和長方形組成。

* 窗子由 4 個正方形組成；左邊小房子的門是正方形。

第 73 頁

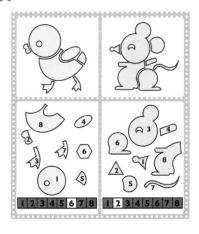

第 74 頁

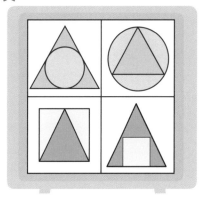

第 75 頁

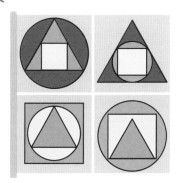

第 76 頁

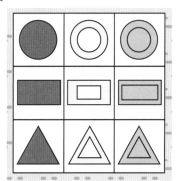

第 77 頁

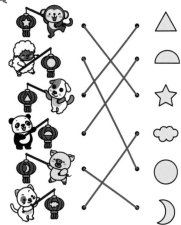

第 78 頁

第 79 頁

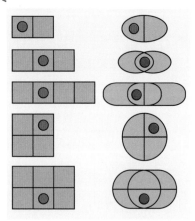

第 80 頁

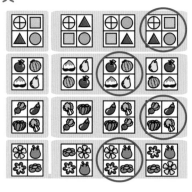

第 81 頁

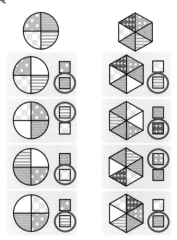

第 82 頁

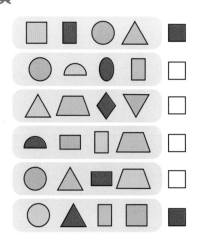

第 83 頁

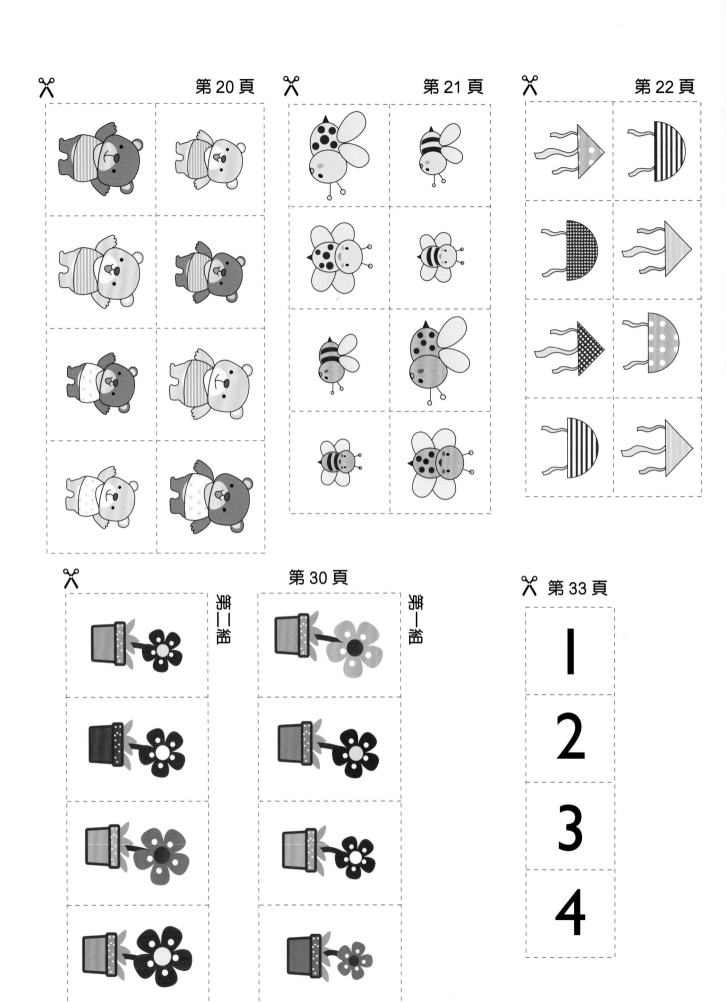

第 20 頁

第 21 頁

第 22 頁

第 30 頁

第 33 頁

第二組

第一組

1

2

3

4

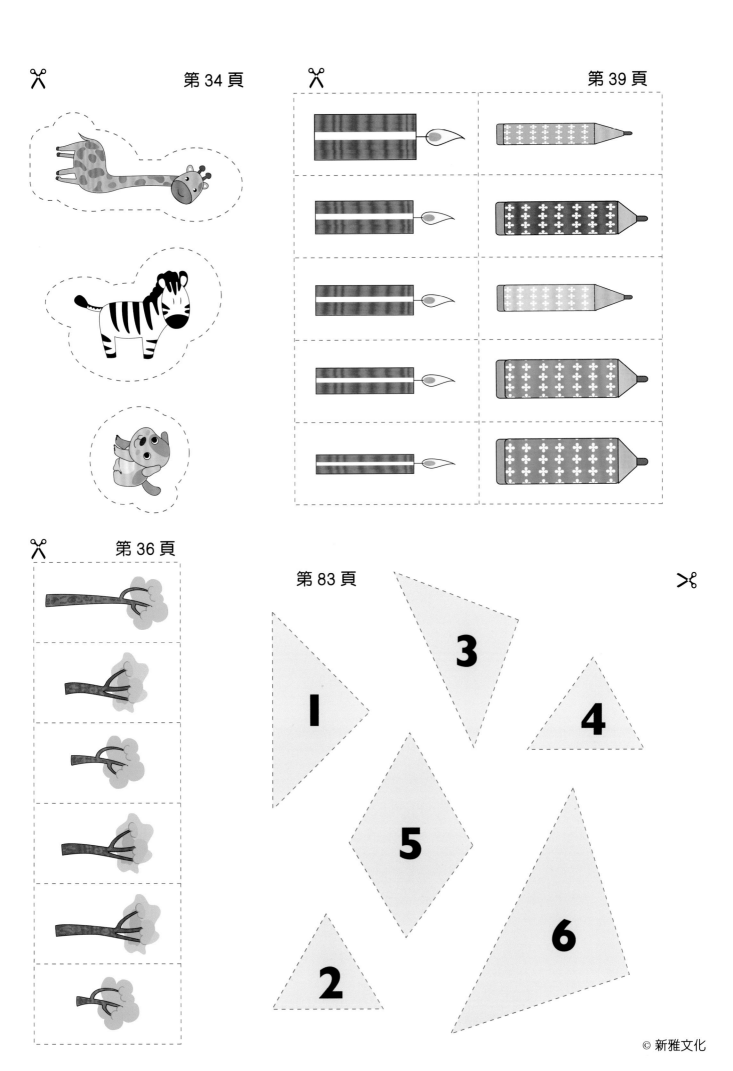